Korinna Senge

Die Besonderheiten des Wasserhaushaltes und des Klimas von Stadtökosystem

GRIN Verlag

Bibliografische Information der Deutschen Nationalbibliothek:

Die Deutsche Bibliothek verzeichnet diese Publikation in der Deutschen National-
bibliografie; detaillierte bibliografische Daten sind im Internet über http://dnb.d-
nb.de/ abrufbar.

Impressum:

Copyright © 2006 GRIN Verlag GmbH
Druck und Bindung: Books on Demand GmbH, Norderstedt Germany
ISBN: 978-3-640-29261-5

Dieses Buch bei GRIN:

http://www.grin.com/de/e-book/124347/die-besonderheiten-des-wasserhaushaltes-
und-des-klimas-von-stadtoekosystem

Hausarbeit Mittelseminar physische Geographie

Thema: Die Besonderheiten des Wasserhaushaltes und des Klimas von Stadtökosystemen

Sommersemester 2006

eingereicht von: Korinna Senge

Studiengang: Geographie (Diplom)

Semesteranzahl: 4. Fachsemester

Inhaltsverzeichnis

Die Besonderheiten des Wasserhaushaltes und des Klimas von Stadtökosystemen

Der Wasserhaushalt und das Klima von Stadtökosystemen sind durch seine besonderen Wechselwirkungen gekennzeichnet.

Im folgenden Verlauf sollen Besonderheiten und der Zusammenhang zwischen dem Klima und dem Wasserhaushalt von Stadtökosystemen aufgezeigt werden.

1.   Definitionen

Der Wasserhaushalt wird „allgemein, durch die Wasserzufuhr, Wasserentzug und Änderung des Wasserinhaltes gekennzeichneten Umsetzungsvorgänge des Wassers in einem System und zwischen einem System und seiner Umgebung"[1] charakterisiert.

„ Die für einen Ort, eine Landschaft oder einen größeren Raum typische Zusammenfassung der erdnahen und die Erdoberfläche beeinflussenden atmosphärischen Zustände und Witterungsvorgänge während eines längeren Zeitraumes in charakteristischer Verteilung der häufigsten, mittleren und extremen Werte. (...)"[2]

Die Stadtökologie „ (...) ist diejenige Teildisziplin der Ökologie, die sich mit den städtischen Biozönosen, Biotopen und Ökosystemen, ihren Organismen und Sandortbedingungen sowie mit Struktur, Funktion und Geschichte urbaner Systeme beschäftigt."[3]

Die Stadt ist ein vielseitiger Ökosystemkomplex und auch das Ergebnis menschlichen Handelns. Es ist demnach festzuhalten, dass die Erforschung des Stadtökosystems nicht nur auf naturwissenschaftlicher Basis, sondern auch auf geistes- oder kulturwissenschaftlicher Basis erfolgen muss um alle Zusammenhänge zu verdeutlichen.

---

[1] LESER, H. (1991): DIERCKE Wörterbuch der Allgemeinen Geographie Band 2 N-Z, S.368, 5. Auflage, München.

[2] LESER, H. (1991): DIERCKE Wörterbuch der Allgemeinen Geographie Band 1 A-M, S.308, 5. Auflage, München.

[3] Sukopp, H.[Hrsg.] (1998): Stadtökologie, S.2

Denn der Mensch gestaltet Stadt beziehungsweise seinen Lebensraum nach eigenen Vorstellungen zum Beispiel durch Traditionen, Politik und Wirtschaft.

2.   Die Besonderheiten des Wasserhaushaltes von Stadtökosystemen

Allgemein ist der städtische Wasserhaushalt ist dadurch gekennzeichnet, dass der städtische Wasserinput über Niederschlägen höher ist als im Umland. Begründet ist dies in der Lage der Stadt und der Reliefierung der Bausubstanz. Weitere Ursachen sind die stärkere Turbulenzen und der hoher Anteil an Kondensationskernen in der städtischen Lufthülle. Intensive vertikale Luftbewegungen sind die Folge der Überwärmung. Dadurch entstehen wiederum häufiger Gewitter und Starkregen.

Der hohe Wasserinput hat negative Folgen auf den Wasserhaushalt, was soweit führen kann, dass die Grundwasserganglinien absinken.

Die Ursachen dafür sind der hoher Grad an Bodenversiegelung und Bodenverdichtung und der dagegen sehr geringe Anteil an Grünflächen. Eine schwerwiegende Folge der niedrigen Versickerungsrate der Niederschläge ist der hohe Oberflächenabfluss.

2.1   Charakteristik der Böden städtisch- industrieller Ballungsräume

Städtische Böden sind durch die Versiegelung der Oberflächen, eine starke Verdichtung und erhöhte Skelett- Steingehalte gekennzeichnet. Weiterhin sind die Ablagerungen von technogenen Substraten und erhöhte Humusgehalte bis in Tiefen von 40- 50 cm, sowie die Veränderungen des Grundwasserflurabstandes charakteristisch.

Die hervorgerufenen Veränderungen beeinflussen wichtige Reglungsgrößen des Boden- und Grundwasserhaushaltes (z.B. die Evapotransipiratin, die Wasserspeicherung, die Grundwasserneubildung und der kapillarer Aufstieg und auch der oberirdischer Abfluss und die Stoffverlagerung).

Circa ein Drittel der städtischen Siedlungsfläche ist versiegelt, die Erhöhung des Oberflächenabflusses, die Verminderung der Grundwasserneubildung und die Veränderungen des Wärmehaushaltes, sowie die Verstärkung des Hochwasserabflusses in natürlichen Gewässern können die Folgen sein.

2.2   Wasserhaushalt urbaner Böden

2.2.1   Wichtige hydrologische Bodeneigenschaften

Die Wasserleitfähigkeit ist für die Wasserbewegung im Boden entscheidend, sie wird stark von der Bodenart beeinflusst.

Neuversiegelte Flächen, mit einem Fugenanteil von mehr als 10%, weisen eine relativ hohe Infiltrationsrate auf. Lediglich bei Starkniederschlägen besteht die Möglichkeit eines Oberflächenabflusses.

Alte (nichtveränderte) Versiegelungsflächen zeigen dagegen eine drastische Verminderung der Wasserdurchlässigkeit gegenüber dem ursprünglich verwendeten Fugensand, auf grund des Eintrag von Straßenstaub, der zu einer deutlichen Erhöhung von Ton- und Schluffanteilen führen kann. Zudem wird die Wasserdurchlässigkeit durch erhebliche Humusanreicherung im Fugenraum begünstigt.

Durch die stofflichen Veränderungen in Verbindung mit einer Verdichtung, als Folge mechanischer Belastungen, verringert sich die ungesättigte Wasserleitfähigkeit in den Fugen.

2.2.2   Wasserhaushaltskomponenten

Durch eine urbane Flächennutzung wird die Wasserhaushaltsgleichung stark verändert. Zur Verdeutlichung werden die allgemeine Gleichung und die Wasserhaushaltsgleichung gegenüber gestellt.

Die allgemeine Wasserhaushaltsgleichung besagt, dass sich der Niederschlag wie folgt berechnet.

$$N = V + A + (R - B)$$

Die Wasserhaushaltsgleichung für Stadtökosysteme ist dagegen umfangreicher.

$$N = T + I + E + V + kA + \Delta S + Ao$$

N = Niederschlag ; T= Transpiartion ; I= Interzeption ; E= Evapotranspiration ; V= Versickerung ; kA= kapillarer Anstieg ; ΔS= Wassergehaltsänderung ; Ao= Oberflächenabfluss

Bezogen auf die Gesamtfläche führt die urbane Nutzung und die, damit verbundene, Versiegelung zu einer Verringerung der Grundwasserneubildung und Evapotranspiration und zur Erhöhung des Oberflächenabflusses.

Kleinräumig betrachtet sind Unterschiede der Komponenten möglich. So ist beispielsweise die Evatranspiration von innerstädtischen Grünflächen, aufgrund der steigenden Erwärmung, um 10 – 40 mm/a höher als außerhalb liegende Grünflächen.

Dieser Unterschied steigt, je höher die pflanzenverfügbare Wassermenge ist. Zudem treten besonders niedrige Evatranspirationswerte bei versiegelten Flächen.

Tab. 8-2: Wasserhaushaltskomponenten in Abhängigkeit von Nutzung, Bodenart und Versiegelungsgrad (nach eigenen Ergebnissen und Glugla u. Krahe 1995).

Nutzungsform	Bodenart	GW-Flur abstand m	N mm/a	B mm/a	Versiege- lungsgrad %	E_t mm/a	A_0 mm/a	GW_{neu} mm/a
landw. Nutzung, Acker (ohne Beregnung)	sandiger Lehm	>2	580	–	–	410	–	170
	Sand	>2	580	–	–	380	–	200
(Weide/Wiese)	Niedermoor	0,6	580	–	–	600	–	–20
Bebauung	stark sandiger Lehm	>2	580	–	90	120	390	70
Bebauung	Sand	>2	580	–	50	230	240	120
Kiefern-Eichen-Wald	Sand	>2	580	–	–	500	–	80
Kleingärten, Parks	Sand	>2	580	120	–	470	–	230

N Niederschlag, **B** Beregnung, **E_t** reale Evapotranspiration, **A_0** Oberflächenabfluß, **GW_{neu}** Grundwasserneubildung (Versickerung – kapillarer Aufstieg)

(Quelle: Sukopp, H.: Stadtökologie, S. 190)

Die Tabelle zeigt die Wasserhaushaltskomponenten in Abhängigkeit von Nutzung, Bodenart und Versiegelungsgrad.

Es wird deutlich, dass bei einer Bebauung auf stark sandigem Lehm 390 mm/a von 580 mm/a Niederschlag lediglich 70 mm/a zur Grundwasserneubildung beitragen.

Der Oberflächenabfluss ist jedoch mit 390 mm/a stark erhöht. Bei einer Bebauung auf sandigem Untergrund, trägt dagegen mit 120 mm/a eine etwas größere Niederschlagsmenge zur Grundwasserneubildung bei. Hier beträgt die reale Evapotranspiration 230 mm/a.

Der Oberflächenabfluss ist hier mit 240 mm/a zwar geringer, aber immer noch sehr kritisch zu betrachten. In Kleingartenanlagen und Parks zeigt sich ein anderes Bild. Hier tragen, von den betrachteten 580 mm/a Niederschlag, rund 230 mm/a zur Grundwasserneubildung bei und die reale Evapotranspiration beträgt 470 mm/a.

Daraus lässt sich erkennen, dass der Belag und die Fugenanteile einen Einfluss auf Höhe der Verdunstung bzw. Interzeption ausüben.

Bei vollversiegelte Flächen, wie zum Beispiel Dachflächen von Gebäuden, Asphaltdecken und ähnliche, ist die Auffüllung des Porenvolumens nicht mehr gegeben.

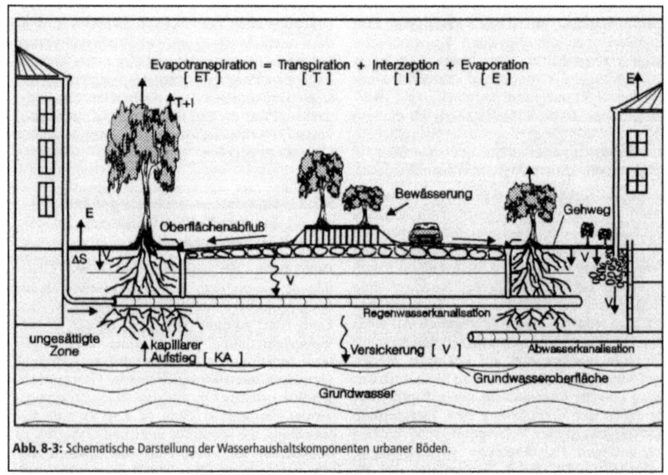

Abb. 8-3: Schematische Darstellung der Wasserhaushaltskomponenten urbaner Böden.

(Quelle: Sukopp, H.: Stadtökologie, S. 189)

Zusammenfassend zeigt die Abbildung die schematische Darstellung der Wasserhaushaltskomponenten urbaner Böden. Zu erkennen ist, dass ein Großteil der Niederschläge aufgrund der hohen Versiegelung und dem daraus resultierenden Oberflächenabflusses über Kanalisationssysteme, Dachrinnen, etc. abfließt. Die Folgen werden im anschließenden Unterpunkt genauer besprochen.

Des Weiteren zeigt diese Darstellung, dass die Versickerung durch das Kanalisationssystem eingeschränkt wird.

<u>Grundwasserneubildung unter besonderer Berücksichtigung der Versiegelung</u>

Die hohe Versiegelung der städtischen Oberflächen führt zur Verringerung der Grundwasserneubildung und des Basisabflusses urbaner Gewässer. Im Extremfall können Gewässerabschnitte urbaner Ökosysteme in niederschlagsarmen Perioden trocken fallen. Da zur Vorbeugung von Überflutungen Regenwasser von den Straßen, Plätzen und Gebäuden aufgefangen und über Kanäle abgeleitet wird fließt das Wasser nicht mehr über den Boden dem natürlichen Vorfluter zu.

Damit entfällt wichtige Funktion des Bodens zur Regelung des Wasserhaushaltes.

Die geringe Grundwasserneubildung führt zu Grundwassersenkungen.

Die mittlere jährliche Verdunstung auf versiegelten Flächen beträgt ca. 140 mm/a, 75% davon im Sommerhalbjahr.

Es müssen also Möglichkeiten zur Erhöhung der Versickerung in Betracht gezogen werden.

Schon die Verwendung durchlässiger Beläge mit einem hohen Fugenanteil kann die Versickerung erhöhen.

Sinnvoll ist außerdem die Verlegung gemischter Versiegelungsmaterialien mit Aussparungen für Versickerungsmöglichkeiten. Auch regelmäßige mechanische Straßenreinigungen, um die Fugen „offen" zu halten und um das Zusetzten von Straßenstäuben zu vermeiden, würden einen Teil zur Versickerungserhöhung beitragen. Zudem können Entsiegelungsmaßnahmen, dort wo es hydrologisch sinnvoll ist, durchgeführt werden.

2.2.3 Auswirkungen von Grundwasserstandsänderungen

In den städtischen Gebieten ist die Grundwasserstandsänderungen meist die Folge der Kanalisierung der Gewässer, von Baumaßnahmen oder Trinkwasserentnahmen aus dem Grundwasser. Weiterhin können Bauwerke, die luvseitig zu einem Anstieg und leeseitig zur Absenkung des Grundwasserspiegels führen, wenn sie quer zur Grundwasserströmung liegen, als Staukörper wirken.

Entscheidend ist auch, dass Grundwasserstandsänderungen Auswirkungen auf den Wasser- und Lufthaushalt von Böden und auf das Wachstum von Pflanzen haben.

2.2.4 Belastung des Sicker- und Grundwassers

Es ist bekannt, dass urbane Böden extremen stofflichen Belastungen ausgesetzt sind. Hervorgerufen wird die zum einem aus der industriellen und gewerblichen Produktion, sowie dem motorisierte Verkehr und zum anderen durch Schadensfälle und Altlasten.

Die chemischen Belastungen der Böden, des Sickerwassers und Grundwassers durch den Kraftfahrzeugverkehr, sind durch ihren linienhaften Verlauf geprägt.

Zu erkennen ist dies daran, dass im Randbereich stark befahrener Straßen, durch den Abrieb von Reifen- und Bremsbelägen und aus Abgasen, starke Einträge von Blei, Zink, Cadmium, Chrom, Kupfer und Arsen auftreten.

In Gebieten mit winterlicher Streuung von Auftausalzen kommt eine Belastung mit Natrium- und Chloridionen hinzu.

Durch die Deponierung von Siedlungsabfällen und Produktionsrückständen alter Industrieflächen, sowie durch die Verlagerung und Ausbreitung von Schadstoffen durch Abrissmaßnahmen und durch das Verrieseln und Versickern von Abwässern kommt es zu punktförmige bis kleinräumige Belastungen des Boden- und Grundwassers.

Übersteigt die Schadstoffmenge der Böden die Filterkapazität, so ist bei toxischen Schadstoffen der Schutz des Grundwassers nicht mehr gewährleistet.

Unter diesen Bedingungen wäre eine Bodenversiegelung durch Überbauung positiv zu bewerten, da der verlorengegangene Beitrag dieser Flächen zur Grundwasserneubildung geringer zu bewerten ist als Verschlechterung der Grundwasserqualität (besonders im Bereich von Straßen und Parkplätzen).

Neben der chemischen Beeinflussung des Grundwassers ist auch eine thermische Belastung durch Abwasserrohre und stark erwärmte Versiegelungsflächen anzuführen.

Vor allem im Sommer treten sehr hohe Wassertemperaturen bei Uferinfiltraten auf.

Dieser Wärmeeintrag führt dann wiederum zu Problemen, wenn für die Trinkwasserförderung oberflächennahes Grundwasser verwendet wird, da für die Trinkwasserbereitstellung niedrige Wassertemperaturen, aus hygienischen Gründen, notwendig sind.

3.   Stadtklima

Allgemein kann festgehalten werden, dass urbane Siedlungen, im Vergleich zum nicht bebauten Umland, klimatische Veränderungen verursachen.

Das Stadtklima ist ein auf der Wechselwirkung beruhendes Klima, das zusätzlich durch Abwärme und Luftschadstoffemission verändert oder bestimmt wird.

3.1   Ursachen und Auswirkungen

Mögliche Ursachen für das Stadtklima sind die verschiedenen Umwandlungen der natürlichen Bodenoberfläche in ein überwiegend durch künstliche Materialien versiegeltes Stadtgebiet.

Auch Veränderungen der Biosphäre, welche durch die Reduzierungen der mit Vegetation bedeckten Flächen, hervorgerufen werden, sind Ursache für die typischen Merkmale des Stadtklimas.

Anthropogene Einwirkungen durch technische Einrichtungen und die thermischen und lufthygienischen Auswirkungen des Kraftfahrzeugverkehrs, der Industrie, Gewerbes und Hausbrandes tragen einen Teil zur Bildung des Stadtklimas bei.

Diese Faktoren beeinflussen Zusammensetzung der Stadtatmosphäre, des Strahlungs- und Energiehaushalt und des bodennahen Luftaustausch.

Die Folgen hier von sind wiederum die mikro- und mesoklimatische Besonderheiten der Städte gegenüber ihrem Umland.

Das auffälligste Merkmal einer Veränderung der Bodenoberfläche ist die, durch die Bebauung verursachte Erhöhung der Rauhigkeit. Diese beeinflusst den bodennahen atmosphärischen Austausch in der Stadt, nachhaltig negativ.

Die in Städten verwendeten Baustoffe beeinflussen die physikalischen Eigenschaften der Oberfläche. Dadurch wird deren Reflexionsgrad, Absorptionsvermögen und Wärmekapazität bestimmt.

Die besiedelte Fläche mit Straßen, Plätzen, Gebäuden, etc. führt zu einer Zunahme der für Strahlungs- und Energieumsatz zur Verfügung stehenden Flächen.

Bodenverdichtungen und –Versiegelungen verursachen ein stark eingeschränktes Evaporations- und Wasserspeicherungsvermögen.

Eine weit verbreitete Auswirkung des Stadtklimas ist die Vegetationsarmut.

Die letzten beiden beschriebenen Punkte bewirken zusammen die Erhöhung des sensiblen Wärmestroms auf Kosten des latenten Wärmetransportes

Die Auswirkungen der technischen Einrichtungen sind auf die Verbrennungsprozesse zurückzuführen, beteiligt sind hierbei zum größten Teil Gewerbe- und Industriebetriebe, Raumbeheizung und der Kraftfahrzeugverkehr.

3.2   Struktur der Stadtatmosphäre

Der Aufbau der Stadtatmosphäre unterscheidet sich grundlegend von der Freilandatmosphäre.

Allgemein gliedert sich der untere Teil der Erdatmosphäre in die planetarische oder atmosphärische Grenzschicht, es herrschen mechanisch und thermisch erzeugte Turbulenzvorgänge, dadurch wird die Luft in diesem Bereich gut durchmischt.

Deren Mächtigkeit ist von der Rauhigkeit der Erdoberfläche, dem vertikalen Temperaturgradienten und den Windverhältnissen abhängig.

Die Oberfläche der untersten Schicht kann unter Einstrahlungsbedingungen am Tag auf 1000 bis 2000 m ansteigen, nachts jedoch auf mehrere hundert Meter sinken. Die atmosphärische Grenzschicht ist über ebenen Gelände nochmals in zwei Bereiche eingeteilt. Zum einem in die bodennahe Grenzschicht. Diese zeichnet sich durch eine Mächtigkeit von circa 100 Metern aus. Impuls-, Wärme- und Feuchteflüsse sind höhenunabhängig und werden als konstant angesehen.

Die darüber liegende Mischungsschicht ist mehrere hundert Meter mächtig.

Hier treten höhenabhängige Änderung der Impuls-, Wärme- und Feuchteströme auf.

Die Winddrehung nimmt mit zunehmender Entfernung von der Erdoberfläche zu.

Über bebautem Gebiet kommt es zu folgender Gliederung.

Die bodennahe Grenzschicht wird in weitere Bereiche, aufgrund der großen Rauhigkeit, überwiegend trockenen Oberflächen, Luftschadstoffe und der Freisetzung von Abwärme (im bebauten Gebiet) in weitere Bereiche eingeteilt.

Somit ergibt sich die Gliederung der Stadtatmosphäre wie folgt:

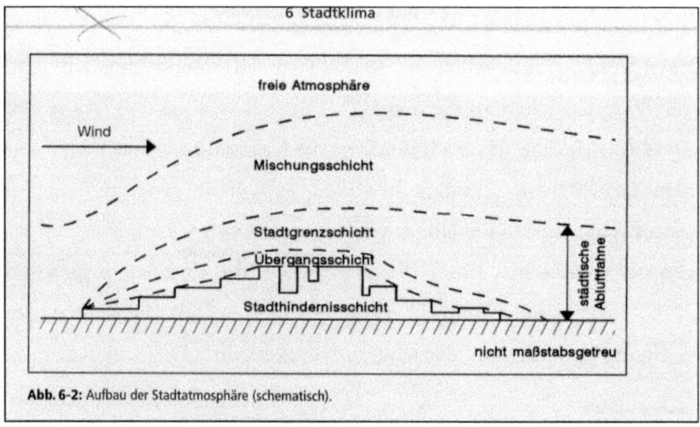

Abb. 6-2: Aufbau der Stadtatmosphäre (schematisch).

Quelle: (Quelle: Sukopp, H.: Stadtökologie, S. 130)

In der Stadthindernisschicht herrschen sehr turbulente Vorgänge, diese werden durch die Schubspannung, Rauhigkeitselemente und durch die Oberflächen- Energie- Bilanzen kontrolliert.

Auch die Übergangsschicht ist sehr turbulent. Sie dient als ein „dynamisches Scharnierelement" zwischen der Stadthindernisschicht und der Stadtgrenzschicht.

In der Stadtgrenzschicht dominiert die ungefähr gleichbleibende Windrichtung über der Gradient- und Corioliskraft.

3.3   Strahlungs- und Energiehaushalt der Stadtatmosphäre

Der Strahlungs- und Energiehaushalt der Stadtatmosphäre wird zunehmend durch die Veränderung der Globalstrahlung beeinflusst, welche durch die städtische Dunstglocke hervorgerufen wird. Weitere Einflüsse üben das Reflexionsvermögen (Albedo) eines Stadtkörpers hinsichtlich der einfallenden Strahlung, die anthropogene Wärmeproduktion und die sensiblen und latenten Wärmeströme in den bebauten Gebiet, aus.

<u>Einfluss von Luftinhaltsstoffen auf die Strahlungsflüsse</u>

Die kurzwellige solare Strahlung wird durch die Absorption und die Streuung in der städtischen Dunstglocke quantitativ und qualitativ verändert.

Das Ausmaß der Strahlungsveränderung im Tages- und Jahresgang wird durch die Trübung der Atmosphäre und der Zenitdistanz der Sonne bestimmt.

Dies führt demnach zu Strahlungsschwächungen in den Wintermonaten, aufgrund großer Trübung und eines niedrigen Sonnenabstandes. Allgemein kann man von einer Minderung von 10- 20 % der Globalstrahlung, durch die Dunstglocke, sprechen.

Der Abnahme der direkten Sonnenstrahlung in den Städten steht die Zunahme der diffusen Strahlung gegenüber.

<u>städtische Albedo</u>

Das Verhältnis zwischen der reflektierten und einfallenden Sonnenstrahlung, eines vielschichtig gegliederten Stadtkörpers wird als Albedo bezeichnet.

Dies wird bestimmt durch die Farbgebung der Oberflächen, deren Exposition zur einfallenden Strahlung und durch wechselnden Sonnenstand.

Es können Unterschiede der Werte für einzelne Oberflächen und im Tages- und Jahresgang entstehen.

So gibt es zum Beispiel Sommer- und Winterunterschiede, diese werden durch den unterschiedlichen Sonnenstand und im Winter durch die Schneedecke im Umland hervorgerufen. Bei mittäglichen Sonnenhöchststand: ist das Reflexionsvermögen städtischer Oberflächen niedriger als am Morgen und Abend.

Die Anthropogene Wärmeproduktion ist aufgrund von der Lage und Größe der Stadt unterschiedlich. Diese Unterschiede werden durch die hohen Einwohnerdichten und dem hohen Pro- Kopf- Energieverbrauch verursacht.

Die städtische Energiebilanz wird durch bestimmte Faktoren beeinflusst. Dazu gehören die große Vegetationsarmut in bebauten Gebieten und die weitgehende Versiegelung der Oberflächen und der damit verbundene Regenwasserabfluss nach Niederschlagsereignissen über das verdunstungsgeschützte Kanalsystem.

Hierbei erfährt die Evaporation starke Einschränkungen.

Eine wichtige Kenngröße ist der Abflussbeiwert. Er beschreibt das Verhältnis zwischen der Abflussmenge und den gefallenen Niederschläge.

Ist der Wert gleich 1, so kann das Niederschlagswasser ganz abfließen.

Die in Städten vorhandenen Oberflächen weisen einen relativ hohen Abflussbeiwert auf.

Hier werden einige Beispiele aufgelistet. So beträgt der Abflussbeiwert bei Dächern 1, das heißt 100% des Niederschlagswassers fließen ab.

Bei den Betondecken beträgt der Wert 0,9. Es werden also 10% des Niederschlagswassers der Verdunstung zugeführt.

Je mehr natürliche, wasserspeichernde Oberfläche vorhanden sind, desto geringer ist der Abfluss und desto stärker die Verdunstung.

Benetzten Oberflächen wird dabei Verdunstungswärme entgezogen, so dass nur ein kleiner Betrag zur Erhöhung der Lufttemperatur zur Verfügung steht.

Begrünte Flächen weisen hohe Verdunstungsraten und einen geringen Abfluss auf.

Parks und Anlagen an Gewässern haben noch geringere Abflusswerte.

Die niedrigen Temperaturen im Umland führen zur Ausbildung einer bodennahen Temperaturinversion. Der Strom der fühlbaren Wärme ist zur Bodenoberfläche gerichtet.

Nachts verringert sich der latente Wärmestroms aufgrund der abnehmenden Evapotranspiration.

In der Stadt sind beide Wärmeströme nachts von der Oberfläche weggerichtet.

Die Ursache des aufwärtsgerichteten Wärmestroms ist das weitegehende Fehlen der bodennahen Inversion.

Zudem ist nachts die Lufttemperatur niedriger als die Temperatur der Bodenoberfläche, dadurch herrscht weiterhin ein latenter Wärmestrom.

3.4 Städtische Überwärmung

Die städtische Überwärmung ist die positive Temperaturabweichung der bebauten Gebiete im Vergleich zu deren nicht oberflächenversiegelte Umgebung.

Die Ursachen der städtischen Überwärmung werden in der folgenden Abbildung graphisch dargestellt. Die kurzwellige Sonnenstrahlung trifft zuerst auf die Wolken, Staubpartikel, etc. auf und wird hierbei schon wieder zum teil absorbiert. Ein anderer Teil der kurzwelligen Sonnenstrahlung wird als diffuse Himmelsstrahlung und direkte Sonnenstrahlung weiter auf die Erdoberfläche geleitet.

Ein weiterer Teil gelangt als atmosphärische Gegenstrahlung in die Stadtatmosphäre. Dort führt sie auch mit zur Erwärmung der Erdoberfläche und somit zur Wärmespeicherung und Verdunstung und sie trägt zur Photosynthese der Pflanzen bei. Ein Teil dieser auftreffenden Strahlung wird vom Boden reflektiert.

Die, durch die Globalstrahlung aufgenommene Wärme wird weiter an die Umgebung und Stadtatmosphäre abgegeben. Hier trifft sie wieder auf die Wolkenschicht. Die durch diese Schicht strömende Strahlung wird als effektive terrestrische Ausstrahlung bezeichnet. Weiterhin trägt künstlich erzeugte Wärme, sowie latente Wärme zur Überhitzung der Stadt bei.

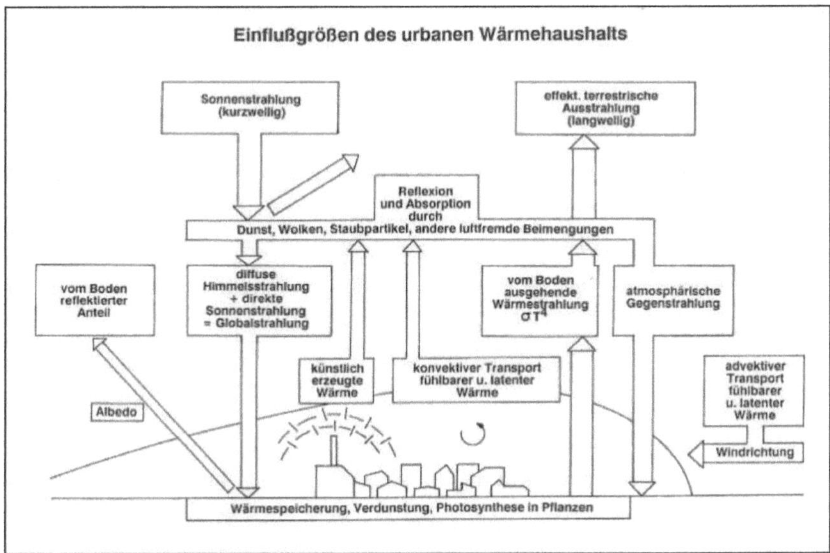

Quelle: http://www.stadtklima.de/

Die Intensität der städtischen Wärmeinsel ist immer von den räumlichen Gegebenheiten und den zeitlichen Einflussgrößen abhängig.

Die städtischen Wärmeinseln sind in horizontale und vertikale Erscheinungsformen gegliedert.

In der horizontalen Ausprägung städtischer Wärmeinseln findet eine enge Bindung der Intensität städtischer Überwärmung an der bestehenden Baukörperstruktur statt. Deshalb herrschen die höchsten positiven Temperaturen dort wo eine dichte Bebauung vorrangig ist. Durch innerstädtische Grünflächen und eine aufgelockerte Bebauung kann die Überwärmung gemindert werden.

Bei windschwachen Strahlungswetterlagen sind die Austauschverhältnisse so verändert, dass die Warmluftfahne auch kältere Stadtgebiete überdeckt.

Die vertikale Ausprägung städtischer Wärmeinseln ist nur für Strahlungswetterlagen und die nachts- typische vertikale Strukturierung der Lufttemperatur nachweisbar.

In Bodennähe herrschen die größten Temperaturunterschiede zwischen der Stadt und ihrem Umland, diese nehmen mit zunehmender Höhe ab oder verschwinden sogar ganz.

Unabhängig von Stadtgröße gesehen endet der Wärmeinseleffekt in einer Höhe von 200 – 300 m über dem Grund.

Städtische Wärmeinseln unterliegen in zeitlicher Hinsicht Gestalt- und Intensitätswechsel.

Es herrscht ein unterschiedliches Temperaturverhalten während verschiedener Jahreszeiten. So sind die Erwärmungs- und Abkühlungsraten in Stadt und Umland im Sommer sehr hoch.

Im Umland kommt es nach dem Sonnenaufgang zu einer starken Erwärmung, vor dem Sonnenuntergang jedoch verhältnismäßig zu einer starken Abkühlung.

In der Stadt setzt mit dem Sonnenaufgang ebenfalls eine Erwärmung ein, beim Sonnenuntergang entsteht dagegen ein größerer „Temperaturhalteeffekt" als im Umland.

Besonders große Temperaturunterschiede zwischen der Stadt und ihrem Umland entstehen bei einer geringen Bewölkung, dabei werden hohe effektive Ausstrahlungswerte erreicht.

Der vertikale Austausch erreicht unter Einstrahlungsbedingungen tagsüber hohe und nachts niedrige Werte.

Es kommt also zu einem schnelleren Wärmeabtransport aus der Stadthindernisschicht am Tag und nachts zu einer Erhöhung der Lufttemperatur, da durch die eingeschränkten Austauschbedingungen die in den Straßenschluchten gespeicherte Wärme nur langsam abgeführt wird.

Die Temperaturunterschiede zwischen der Stadt und dem Umland sind zur Mittagszeit (im Jahresverlauf) relativ gering.

Festzuhalten ist, dass die städtische Überwärmung vor allem abends und nachts ausschlaggebend ist!

Einfluss auf städtische Wärmeinsel

In der unteren Abbildung sind alle wichtigen Ursachen tabellarisch zusammengefasst.

So wird deutlich, dass unter anderem die erhöhte Absorptionen kurzwelliger Strahlungen mit verantwortlich ist für die Erhöhung der Oberflächen- und Mehrfachreflexionen.

Zudem führt die langwellige Gegenstrahlung zu einer größeren Absorption und Re-Emission. Anthropogene Wärmequellen äußern sich beispielsweise in siedlungs- und verkehrsbedingter Abwärme.

Die verminderte Evapotranspiration erhöht die Oberflächenversiegelung und durch den verminderten turbulenten Wärmetransport wird die Luftgeschwindigkeit herabgesetzt.

Die Erhöhung des sensiblen Wärmetransportes von unten bedingt die Bildung von Wärmeinseln in der Stadthindernisschicht. Der sensible Wärmetransport von oben führt dagegen zur Entstehung von Wärmeinseln in der Stadtgrenzschicht, zur Bildung der Dunstglocke und hat die Zunahme der Turbulenzen zur Folge.

Tab. 6-8: Wahrscheinliche Ursachen für die Ausbildung von Wärmeinseln in der Stadthindernisschicht (1–7) und Stadtgrenzschicht (8–11) (unter Verwendung von Oke 1982, 1990; verändert und ergänzt).

Faktoren der städtischen Energiebilanz, die zu einer positiven Wärmeanomalie führen	Entsprechende Einflußgrößen mit ihren Auswirkungen auf die städtische Energiebilanz
1. Erhöhte Absorption kurzwelliger Strahlung	Luftverunreinigungen, Straßenschluchtengeometrie – Erhöhung der Oberflächen- und Mehrfachreflexionen
2. Erhöhte langwellige Gegenstrahlung	Luftverunreinigungen – größere Absorption und Reemission
3. Verringerte langwellige Ausstrahlung	Straßenschluchtengeometrie – Herabsetzung des Himmels-sichtfaktors
4. Anthropogene Wärmequellen	Siedlungs- und verkehrsbedingte Abwärme
5. Erhöhte Speicherung sensibler Wärme	Baumaterialien – große Oberfläche – hohe Wärmeübergangs-zahlen und -kapazitäten
6. Verminderte Evapotranspiration	Baumaterialien – erhöhte Oberflächenversiegelung
7. Verminderter turbulenter Gesamtwärmetransport	Dreidimensionaler Stadtaufbau – Herabsetzung der Wind-geschwindigkeit
8. Anthropogene Wärmequellen	Industrielle und siedlungsbedingte Wärmeemittenten
9. Erhöhung des sensiblen Wärmetransportes von unten	Wärmeinsel der Stadthindernisschicht (Wärmefluß von inner-städtischen Flächen des Boden- und Dachniveaus)
10. Erhöhung des sensiblen Wärmetransportes von oben	Wärmeinsel der Stadtgrenzschicht, Dunstglocke, Turbulenz-zunahme, Konvektion von Abgasen
11. Zunahme der Absorption kurzwelliger Strahlung	Luftverunreinigungen – verstärkte Absorption gas- und parti-kelförmiger Spurenstoffe

Quelle: (Quelle: Sukopp, H.: Stadtökologie, S. 136)

Maximale positive Temperaturabweichungen werden erreicht wenn eine Wetterlage vorherrscht, die die vorhandenen Eigenklimate der verschiedenen Oberflächen einer Stadt zur Geltung kommen lässt. Geeignet hierzu sind Hochdruckwetterlagen (Wolkenarmut, Windschwäche, etc.), da die Windarmut in Bodennähe und eine gleichzeitig geringe vertikale Geschwindigkeitszunahme positiv mit der städtischen Überwärmung verbunden sind.

Bei höheren Windstärken ist kaum eine Ausbildung von städtischen Wärmeinseln zu verzeichnen.

Weiterhin beeinflussen die Art der Bebauung, somit auch die Horizonteinschränkung durch diverse Gebäude, die Ausbildung von Wärmeinseln.

<u>Bioklimatische Auswirkungen der städtischen Überwärmung</u>

Das thermische Stadtklima wird durch folgende Eigenschaften geprägt.

Die Verkürzung der winterlichen Frostperiode, sowie die Abnahme der Anzahl an Frost- und Eistagen und damit auch die Verkürzung der Schneedeckendauer.

Was wiederum zu einer Reduzierung der Zahl der Heiztage führt.

Weiterhin zeigen sich die Veränderungen durch die städtische Überwärmung in der Verlängerung der Vegetationsperiode innerstädtischer Pflanzen, der Verschiebung der phänologischen (Jahreszeitlich bedingte Erscheinung von Tier- und Pflanzenleben) Phasen und dies führt dann auch zum Auftreten wärmeliebender Neotypen (z.B. Götterbaum, Schmetterlingsfieber, etc.) und Tierarten aus wärmeren Gebieten.

3.5   Stadtbedingte Einflüsse auf Luftfeuchte und Niederschlag

In der Stadt und im Umland treten unterschiedliche Luftfeuchten und Niederschlagsmengen auf. Diese allgemeinen Unterschiede beruhen auf der Effektivität und der räumlichen Verteilung der Wasserdampfquelle und –senken.

Folgende Vorgänge laufen in der Stadtatmosphäre ab.

Beim Verbrauch fossiler Brennstoffe und bei metabolischen (durch Stoffwechsel entstanden) Prozessen wird Wasserdampf freigesetzt.

Die künstliche Wasserzufuhr erfolgt in Wasserversorgungssystemen.

In der Stadtgrenzschicht kommt es zur Vergrößerung des turbulenten Wasserdampftransportes.

Es treten eventuell erhöhte Niederschläge im Stadtgebiet auf und die geringe Taubildung wird durch eine positive Temperaturanomalie bedingt.

Eine entscheidende Rolle spielen Senken. Als Senken für den atmosphärischen Wasserdampf wirken in der Stadt zum Beispiel die eingeschränkte Versickerung und Speicherung und der schnelle Abfluss des Niederschlagswetters, sowie die Reduktion der Verdunstungsfläche.

Kraftfahrzeuge und Hausbrandabgase in der Stadthindernisschicht verursachen Wasserdampfemissionen.

In der Stadtgrenzschicht kommt es zu Wasserdampfeinspeisungen zusammen mit Schornsteinabgasen und Kühlturmschwaden (in entsprechenden Höhen).

Niedrige Werte der relativen Luftfeuchtigkeit über den versiegelten Flächen (im Vergleich zum Umland) werden besonders bei Strahlungswetterlagen erreicht.

Feuchteunterschiede zwischen den versiegelten und unversiegelten Flächen sind auf die positive Temperaturabweichungen zurückzuführen (da Luftfeuchtigkeit von Lufttemperatur abhängig ist).

Größen wie Dampfdruck (hPa) oder die spezifische Feuchte (g/kg) sind für Vergleichsbetrachtungen der Luftfeuchte zwischen der Stadt und dem Umland geeignet.

Wie schon festgestellt herrschen in der Stadt tagsüber niedrigere und nachts höhere spezifische Feuchten als im Umland. Die Gründe können sehr unterschiedlich sein, zum einem führt die eingeschränkte Evapotranspiration in der Stadt und der Konvektionsbedingte Feuchtetransport in die Höhe zu diesen Feuchten.

Eine nächtliche Erhöhung der Luftfeuchtigkeit, die des nachts anhaltende Evapotranspiration und der turbulenten Austausch gekoppelter Wasserdampftransporte aus der Stadtgrenzschicht in die Stadthindernisschicht und auch die geringe Taubildung durch die vorhandenen Übertemperaturen in der Stadt, können die Ursachen sein.

Die Veränderungen der Niederschläge durch den Stadtkörper sind darauf zurückzuführen, dass die Überwärmung Konvektionsprozesse (vertikale Luftströmung) während windschwacher Wetterlagen über Siedlungsgebiet fördert. Dies führt zu einer stärkeren Wolkenbildung, zu höher gelegene Wolkenbasen und zur Erhöhung der Instabilität innerhalb von Wolken.

Die größere Oberflächenrauhigkeit von Stadtgebieten bewirkt, wegen der stärkeren thermischen und mechanischen Turbulenzen, während windstarker Wetterlagen, die Entstehung von Konfluenzzonen, welche die verstärkte Wolken- und Niederschlagsbildung auslösen. Durch Staueffekte (dies entstehen am Übergang vom Umland zur Stadt) wird ein erzwungenes Aufsteigen der Luft herbeigeführt und somit kommt es zur Wolkenbildung. Luftverunreinigungen im Stadtgebiet erhöhen die Vermehrung von Kondensationskernen. Besonders im Lee von Städten ist die Niederschlagserhöhung wahrscheinlich.

Die Zunahme der bebauten Fläche scheint, die Zunahme der Zahl der Gewittertage und Erhöhung des prozentualen Anteils der Niederschlagssumme am Gesamtniederschlag während Gewittertagen, zu beeinflussen.

Strahlungswetterlagen im Sommer haben den stärksten Einfluss auf die Erhöhung der Niederschlagssumme. Die natürlichen Niederschlagsprozesse über einem Stadtgebiet werden durch den Stadtkörper bestimmt. Wichtig ist jedoch zu sagen, dass die Stadt selbst keinen zusätzlichen Niederschlag erzeugen kann. Sie hat lediglich einen verstärkten Einfluss auf die räumliche Niederschlagsverteilung.

3.6 städtisches Windfeld

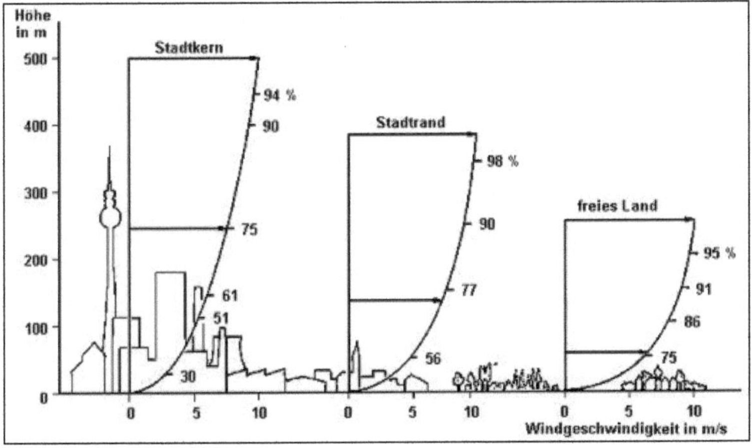

(http://www.berlin.de)

Die Abbildung zeigt die Abnahme der Windgeschwindigkeit unter dem Einfluß von unterschiedlichen Bodenrauhigkeiten.

Zu erkennen ist, dass im Stadtkern die Windgeschwindigkeit circa 5 m/s in einer Höhe von etwa 100 Metern beträgt, am Stadtrand steigt diese in gleicher Höhe schon auf ungefähr 6 bis 7 m/s an. Im freien Umland erreicht die Windgeschwindigkeit in einer Höhe von ebenfalls 100 Metern, knapp 8m /s und höhere Geschwindigkeiten.

Die bodennahen Luftaustauschprozesse haben eine wesentliche Bedeutung für die lufthygienischen Verhältnisse und das Klima einer Region. Ein Maß für den Luftaustausch ist die Windgeschwindigkeit. Sie beschreibt die Strömungsgeschwindigkeit, mit der gleichzeitig zum Ausdruck kommt, dass Atmosphäre Luftmassen heranführt bzw. abtransportiert. In bebauten Bereichen ist, gegenüber dem freien Umland mit Verminderung der Windgeschwindigkeit in Bodennähe um 20 - 30 % zu rechnen. Bei gleichzeitiger Erhöhung der bioklimatischen und lufthygienischen Belastung ist somit eine Zufuhr unbelasteter Luftmassen und Verwirbelung, Verdünnung und Abtransport belasteten Luft nicht mehr gewährleistet. In der direkter Umgebung einzelner Baustrukturen, Straßenbereich muss mit starken Erhöhungen der Windgeschwindigkeit durch Böen und Windkanalisierungen gerechnet werden. Auch das Stadtwachstum und der Pflanzenbestand einer Stadt haben Einfluss auf die Veränderung der mittleren Windgeschwindigkeit. Bei austauschreichen Wetterlagen in Städten sind niedrigere Windgeschwindigkeiten als im Vergleich zum Umland. Bei schwachgradientigen Strahlungswetterlagen (diese treten meist nachts auf) erhöhen sich die Windgeschwindigkeiten.

Eine wichtige Rolle spielen die Flurwinde. Dies sind die Luftbewegungen die, während Strahlungswetterlagen, vom Umland hineinwehen. Genauer definiert werden Flurwinde als   „ (...) während einer Strahlungswetterlage auftretende seichte, bodennahe, intermetierende Strömungen, die , basierend auf dem thermischen Ungleichgewicht zwischen der Stadt und ihrem Umland, bei einer Abkopplung des bodennahen Windfeldes vom übergeordneten Strömungsregime in Richtung Stadtzentrum weht (...)" [4]

Sie sind, aufgrund der möglichen Frischluftzufuhr, in die Stadt sehr wichtig. Flurwinde weisen keine gleichförmigen Geschwindigkeiten auf, sondern treten pulsierend auf, dort wo es zu einem relativ starken thermischen Gradienten zwischen der bebauten und unbebauten Fläche kommt.

Zudem weisen Flurwinde einen Tages- und Jahresgang auf, da die Entstehung von der Intensität der Wärmeinsel und Größe der Kaltluftproduktion im Umland abhängt. Überwiegend treten sie nächtlich auf.
Bei positiven Temperaturanomalien in der Stadt erhöht sich die Anzahl der Flurwindenstunden.
Deshalb gibt es im Sommer häufig Flurwind, im Winter dagegen nur eine geringere Anzahl. Entscheidend ist, dass Flurwinde zur Verbesserung der stadtklimatisch-hygienischen Situation beitragen kann, wenn ausreichende Ventilationsbahnen zur Verfügung stehen.

3.7   Verunreinigung der Stadtluft

Folgende Quellgruppen der in urban- industriellen Ballungsräumen freigesetzten Luftverschmutzungen sind zu erwähnen.
Zum einem der Kraftfahrzeugverkehr, Hausbrände, sowie Kleingewerbe und die Industrie. Für die Ausbreitung sind die folgenden Parameter verantwortlich.

---

[4] Sukopp, H.[Hrsg.] (1998): Stadtökologie, S.149

Die Lufttemperatur, der Temperaturgradient der bodennahen Atmosphäre, weiterhin die Mischungsschichthöhe und die Windrichtung und –Geschwindigkeit.

Die Lage und die effektive Quellhöhe der Herausgeber der Schadstoffe beeinflussen die Ausbreitung enorm.

Über die Transmission gelangen die Luftinhaltsstoffe zu ihren Wirkorten

Folgende Emissionen treten sehr häufig auf.

So sind Stickstoffverbindungen in der Atmosphäre als Oxide, Säuren und in reduzierter Form zu finden. Sie spielen eine große Rolle bei Bildung von photochemischem Smog und bei der Ansäuerung von Nebel und Niederschlägen.

Sie entstehen bei fast allen Verbrennungsprozessen.

Kohlenmonoxid entsteht bei unvollständigen Verbrennungsprozessen.

Schwefel wird durch anthropogene Prozesse in Atmosphäre abgegeben und besteht zu 90% aus Schwefeldioxid. Freigesetzt wird dieser durch Kraftfahrzeuge, Fernheizwerke, Industrie, Haushalte etc.

Generell ist ein Rückgang des Schwefelausstoßes durch steigenden Verbrauch schwefelarmer Energieträger in den Kraftwerken und durch den Einsatz von Filtern in Industrieschornsteinen, zu verzeichnen.

Staubemissionen werden durch Industrie, Kraft- und Fernheizwerke und durch die Haushalte freigesetzt.

Nichtmethan- Kohlenwasserstoffe entstehen bei Industrieprozessen und durch den Kraftfahrzeugverkehr.

Anthropogene Kohlendioxidemissionen werden durch die Kraft- und Fernheizwerke, Industrie, Kraftfahrzeuge und Haushalte abgegeben.

3.8   Klimatische Bedeutung innerstädtischer Grün- und Wasserflächen

<u>Grünflächen</u>

Deren Auswirkungen auf die Luftqualität und das Klima in Städten wird durch Größe, Aufbau und Zusammensetzung der vegetationsbestimmten Flächen bestimmt. Grünflächen günstigen Veränderungen in der Strahlungs- und Energiebilanz, gegenüber der unbebauten Umgebung, führen zur Zunahme des latenten Wärmestroms auf Kosten des sensiblen Wärmestroms und zu niedrigeren Lufttemperaturen, da ein großer Teil der Globalstrahlung von der Baumkrone und dem Stamm absorbiert wird, steht somit weniger Energie für Bodenerwärmung und Speicherung zur Verfügung.

Die Reduzierung der Windgeschwindigkeit führt zur effektiven Filterung der durch den Stamm strömenden Luft. Eine weitere Auswirkung ist die höhere relative Luftfeuchte als bei versiegelten Flächen.

Da Grünflächen bei Strahlungswetterlagen niedrigere Lufttemperaturen aufweisen entstehen lokale Ausgleichszirkulationen zwischen diesen und den bebauten Gebieten. Liegt die Grünfläche in einer Mulde oder ist sie von einer Mauer umgeben so wird Luftaustausch behindert. Maueröffnungen mit senkrecht verlaufenden Straßen können dabei eine Schneisenfunktion übernehmen.

Wird die Grünfläche von einer geschlossenen, hohen Häuserfront umgeben beschränkt sich dessen Wirkung auf den Nahbereich („Oaseneffekt").

Bei aufgelockerter Bauweise wird das Eindringen der Luft in das bebaute Gebiet möglich, mit dem größten Effekt an der Leeseite von Grünflächen. Weiterhin ist der Umfang der Grünfläche wichtig, je größer sie ist, desto größer ist auch die klimatologische Reichweite.

Die stärkste Wirkung wird bei austauscharmen und mäßig austauscharmen Wetterlagen erreicht.

<u>Gewässer:</u>

Wasserkörper weisen eine gute Absorption von Strahlungsenergie auf.

Der größte Teil des Energieaustausches zwischen dem Wasser und der Luft erfolgt über den turbulenten latenten Wärmetransport. Während den Strahlungswetterlagen lässt die kühle Wasseroberfläche eine Art „Oaseneffekt" entstehen.

Die mikroklimatischen Verhältnisse an der Grenze zwischen dem Gewässerrand und dem Uferbereich nennt man Randeffekt. Ist das Ufer mit Vegetation bedeckt, so erhöht dies die Verdunstung bei Schönwetterlagen und die Luftfeuchtigkeit wird demnach aufgrund der Transpiration der Vegetation erhöht. Die Entwicklung einer „Gewässer-/ Stadtzirkulation" ist von der Größe und Tiefe des Gewässers abhängig. Die Mitführung der wassernahen Luftschichten in Fließrichtung ist dann möglich wenn ein Fluss den Stadtkörper bei gradientschwachen Wetterlagen durchschneidet.

Dieser Effekt vollzieht sich in den über dem Wasser liegenden Schichten. Bei austauscharmen Wetterlagen führt der Effekt zu einer unterstützenden Rolle bei der Zufuhr von Umlandluft in die Stadt. Temperaturminderungen und Feuchteerhöhungen (für Strahlungswetterlagen) sind von der Breite der zum Gewässer mündenden Straße und von der Verkehrsdichte abhängig. Die Windrichtung hat einen entscheidenden

Einfluss auf die temperaturmindernde Wirkung. Bei „Flusswinden" weist die Temperaturabnahme eine stärkere und größere Eindringtiefe als bei „Stadtwinden" auf. In dichtbebauten Gebieten ändert sich die Luftfeuchte nur bis maximal 50 Meter. Bei einer aufgelockerten Bebauung dagegen bis zu 300 Meter.

4.   Hinweise zur Verbesserung des Stadtklimas

Zusammenfassend kann festgehalten werden, dass innerstädtische Grünflächen und Gewässer zu einer Verbesserung der klimatischen Situation beitagen.

Flurwinde fördern die Durchlüftung der Stadt bei austauschsarmen Wetterlagen. Sie führen demnach zu einer Verbesserung der Lufthygiene.

Das vorrangige Ziel der ökologischen Stadtplanung sollte es demnach sein die Anteile und die Qualität von Freiflächen und Ventilationsbahnen zu erhöhen.

Aufgrund des vorherrschenden Platzmangels in der Stadt ist dies aber ein größeres Problem. Jedoch stehen auch weitaus einfachere Maßnahmen zur Verfügung, wie zum Beispiel die Oberflächentemperatursenkung durch helle Hausanstriche, die dadurch die Reflexion begünstigen. Oder auch die Begrünung von Fassaden- und Dachbegrünung. Dies führt unter anderem zu einer Reduzierung der Luftverunreinigung und zur Senkung der Oberflächentemperatur, sowie zum Ausgleich der relativen Luftfeuchte durch die Wärmespeicherfähigkeit der Pflanzen. Und auch zur Erhöhung der Wasserrückhaltefähigkeit.

5.   Fazit

Das Stadtklima und der Wasserhaushalt von Stadtökosystem werden sehr von äußeren und anthropogenen Einflüssen bestimmt. Beide Faktoren stehen in einem engen Zusammenhang und bedingen sich somit gegenseitig. Die wichtigsten Eigenschaften und Besonderheiten wurden hier zusammengefasst und aufgeführt

Literaturverzeichnis:

ADAM, K. (1988): Stadtökologie in Stichworten, Braunschweig.

FRIEDRICHS, J., HOLLAENDER, K. [Hrsg.] (1999): Stadtökologische Forschung. Theorien und Anwendungen. 1. Aufl.,Berlin.

Grünewald, u. [Hrsg.] (1994): Wasserwirtschaft und Ökologie. Taunusstein.

LESER,H. (1991): DIERCKE- Wörterbuch der Allgemeinen Geographie. Band 1. A – M., 5. Auflage, Braunschweig, München.

LESER,H. (1991): DIERCKE- Wörterbuch der Allgemeinen Geographie. Band 2.N- Z., 5. Auflage, Braunschweig, München.

SUKOPP, H., WITTIG R. [Hrsg.] (1993): Stadtökologie. Ein Fachbuch für Studium und Praxis. 2 überarb. Und erg. Aufl. Stuttgart, Jena, Lübeck, Ulm.

http://www.atmosphere.mpg.de/enid/Klima_kurz_gefasst/_Stadtklima_217.html(08.06. 2006)

http://www.geographie.unistuttgart.de/mitarbeiterseiten/Gaebe/gfx/5oekosphaere.jpg(08.06.2006)

http://www.stadtklima.de/ (08.06.2006)

www.stadtklima-stuttgart.de/ - 37k (08.06.2006)